Kuldeep Mishra
Vani Bhatia

Desenvolvimento e aplicação de ingredientes alimentares texturizados

Kuldeep Mishra
Vani Bhatia

Desenvolvimento e aplicação de ingredientes alimentares texturizados

Melhorar as experiências culinárias através de ingredientes alimentares texturizados

ScienciaScripts

Imprint

Any brand names and product names mentioned in this book are subject to trademark, brand or patent protection and are trademarks or registered trademarks of their respective holders. The use of brand names, product names, common names, trade names, product descriptions etc. even without a particular marking in this work is in no way to be construed to mean that such names may be regarded as unrestricted in respect of trademark and brand protection legislation and could thus be used by anyone.

Cover image: www.ingimage.com

This book is a translation from the original published under ISBN 978-620-7-48731-8.

Publisher:
Sciencia Scripts
is a trademark of
Dodo Books Indian Ocean Ltd. and OmniScriptum S.R.L publishing group

120 High Road, East Finchley, London, N2 9ED, United Kingdom
Str. Armeneasca 28/1, office 1, Chisinau MD-2012, Republic of Moldova, Europe
Printed at: see last page
ISBN: 978-620-7-73952-3

Conteúdo

Introdução

O desenvolvimento de novas abordagens através da utilização de novas tecnologias para melhor utilizar os ingredientes alimentares em geral e os ingredientes lácteos em particular é um grande desafio no mundo competitivo de hoje. A procura de alimentos com textura, sabor, cor, aspeto e textura familiar resultou no desenvolvimento de produtos de proteína vegetal texturizada. A tecnologia destes produtos permite converter farinhas de oleaginosas com elevado teor proteico, nutritivas mas pouco apetecíveis, em alimentos familiares de qualquer cultura, etnia ou necessidade geográfica. Os produtos resultantes fornecem tanto as qualidades organolépticas como os requisitos nutricionais que um alimento rico em proteínas deve contribuir para a dieta. Isto deve-se a factores psicológicos e comerciais, bem como a factores tecnológicos e qualitativos. No entanto, nesta discussão, gostaria de me concentrar nos aspectos tecnológicos fundamentais envolvidos na texturização de proteínas vegetais e combinadas vegetal/animal.

Os materiais nutricionais são texturizados se as suas características físicas diferirem das dos líquidos. Produtos viscosos, géis e alimentos sólidos são materiais texturizados. Essencialmente, uma textura é formada pela imobilização efectiva do meio líquido. Neste contexto, um exemplo é encontrado no caso dessa matéria, cujo estado sólido (ou viscoso) resulta diretamente da sua cristalização, como é o caso dos gelados, sorvetes, soft-ice e outros produtos congelados.

A texturização (quando aplicada a proteínas) é o desenvolvimento de uma estrutura física que proporcionará, quando ingerida, a sensação de estar a comer carne. A "textura" da carne é um conceito complexo que inclui o aspeto visual (fibras visíveis), a mastigação, a elasticidade, a tenrura e a suculência. Os principais elementos físicos da carne que criam o complexo de textura são as fibras musculares e o tecido conjuntivo. Muitas proteínas vegetais têm uma estrutura globular. A texturização confere uma estrutura fibrosa às proteínas globulares. Os processos adequados conferem à proteína a capacidade de mastigar e uma boa propriedade de retenção de água, força de cozedura e uma estrutura semelhante à da carne. Estes produtos têm a capacidade de manter estas propriedades durante a hidratação e o tratamento térmico subsequentes. Estas proteínas texturizadas são frequentemente utilizadas como substitutos de carne, extensores e análogos de carne. Os produtos comerciais de proteína vegetal texturizada são fabricados quase exclusivamente a partir de proteína de soja. A texturização é um processo que utiliza o cisalhamento mecânico para desvendar a estrutura globular das proteínas nativas e pode ser acompanhada pela quebra de ligações intramoleculares e pelo realinhamento de ligações dissulfureto, com calor ou pressão como requisitos (Bhattarcharya e Padmanabhan 1999). Uma extrusora é um dispositivo utilizado para realizar a texturização de proteínas através das acções dos seus parafusos rotativos internos que pressionam a proteína contra as paredes fixas do barril aquecido e forçam a massa proteica fundida através de uma matriz de restrição que alinha a massa proteica na direção do fluxo rotacional. A texturização por extrusão de proteínas pode ocorrer a temperaturas que variam de 50 a 100 ∘C e em tempos de residência curtos (<2 min), muito abaixo da faixa de condições de desnaturação termoquímica para outras proteínas, por exemplo, glúten de trigo em calor seco de cerca de 200 a 215 ∘C por 72 min (Friedman e outros 1987), ou colágeno em calor úmido abaixo de 120 ∘C por 30 min (Meyer *et al.*, 2005).

Os produtos proteicos texturizados são definidos como "ingredientes alimentares palatáveis fabricados e transformados a partir de fontes de proteínas comestíveis. A texturização de proteínas cria estruturas filamentosas, superfícies friáveis ou outras formações físicas através da reestruturação ou realinhamento de estruturas globulares dobradas ou firmemente enroladas em massa esticada, em camadas ou reticulada (Kinsella e Franzen, 1978). A texturização não é medida diretamente, mas é inferida a partir do grau de desnaturação ou insolubilização das proteínas, determinado pela diferença nas taxas de absorção de humidade entre a proteína nativa e a proteína texturizada (extrudida) (Kilara 1984), ou por um ensaio de ligação de corantes (Bradford 1976).

Princípio da Texturização dos alimentos

O princípio básico envolvido em qualquer processo de texturização de proteínas consiste em converter a proteína nativa, não fibrosa, numa forma fibrosa; isto pode ser conseguido através de uma série de tratamentos que alteram a estereoquímica intramolecular e desenvolvem a disposição estrutural intermolecular dos polipéptidos nas cadeias proteicas. O desdobramento da proteína globular nativa, seguido de uma reorganização num estado mais alinhado e reticulado, confere um maior grau de resistência física à fibra resultante (Huang e Rha, 1974). Esta transformação da proteína globular nativa em proteína fibrosa comestível pode ser conseguida através de um tratamento alcalino forte que dissolve e desnatura a proteína, resultando numa solução de bobinas aleatórias (Shen e R.R., 1979; Kelley e Pressey, 1966; Kinsella, 1978) a ser processada por uma técnica de texturização adequada. Além disso, a polimerização de proteínas através da formação de ligações dissulfureto é também favorecida em condições alcalinas (Fukushima, 1980; Kelley e Pressey, 1966).

As proteínas são desnaturadas quando as conformações globulares nativas são modificadas ou desdobradas em resultado de algum processo físico, por exemplo, secagem por pulverização, em que não há alteração da estrutura primária, clivagens de ligações ou propriedades funcionais associadas à desnaturação (Bhattarcharya e Padmanabhan1999). A desnaturação das proteínas pode ser medida através da determinação das alterações da capacidade calorífica, mas é mais prático determinar as diferenças de solubilidade após o tratamento físico e a quantidade de fracções insolúveis (Kilara 1984). As proteínas texturizadas absorvem água a taxas diferentes e supõe-se que as taxas de absorção de água estão relacionadas com o grau de texturização; por conseguinte, o teste de insolubilidade para desnaturação é por vezes utilizado como substituto da medição direta da texturização. A solubilidade das proteínas é afetada pela sua hidrofobicidade superficial, que está diretamente relacionada com a extensão das interacções proteína-proteína, uma propriedade intrínseca do estado desnaturado das proteínas (Damodaran 1988; Vojdani 1996).

Matérias-primas para proteínas vegetais texturizadas

A escolha da matéria-prima para a proteína vegetal texturizada depende principalmente da disponibilidade, do custo, das propriedades funcionais e fisiológicas, dos valores nutricionais e do costume/tradição. Várias fontes de proteína vegetal podem ser texturizadas (Rhee, 2003). Os materiais de base, como as farinhas vegetais de sementes oleaginosas ou leguminosas, não são compostos exclusivamente por proteínas, mas também contêm hidratos de carbono. Enquanto as proteínas são susceptíveis de favorecer a texturização, os hidratos de carbono são inertes ou mesmo desfavoráveis. Removendo os compostos não proteicos, total (isolados proteicos) ou parcialmente (concentrados), é possível obter materiais altamente funcionais.

Fontes de proteínas vegetais

- Proteínas de sementes oleaginosas: As culturas de sementes oleaginosas, soja, colza/canola, algodão, amendoim/amendoim e girassol são as principais fontes de proteínas, enquanto o sésamo, o cártamo, a linhaça e o linho são fontes menores.

- Proteína de cereais: O trigo, o milho, o arroz, a cevada, a aveia, o sorgo e o amaranto são as principais fontes de proteínas dos cereais.

- Proteínas de leguminosas e legumes: O feijão, a grama, o guar, as lentilhas, os tremoços e as ervilhas são as principais fontes de proteínas vegetais desta categoria.

- Proteínas das folhas: A alfafa, a luzerna, o tabaco, a amoreira, a erva, a cana-de-açúcar e os trevos são as principais fontes de proteínas vegetais de folhas. No entanto, atualmente, não existem matérias-primas de proteínas de folhas disponíveis no mercado que possam ser texturizadas como proteínas vegetais.

Canola / sementes de colza

O problema na transformação e utilização da colza tem sido a separação das cascas dos pequenos grãos. As proteínas texturizadas de colza ou os concentrados de canola possuem boas propriedades de ligação à gordura e à água. Estas proteínas têm excelentes qualidades nutricionais quando comparadas com outras proteínas alimentares vegetais. Comercialmente, a farinha ou os concentrados de colza são muito limitados e não estão disponíveis para texturização.

Amendoins

A farinha de amendoim desengordurada tem sido texturizada para produzir extensores de carne com bom sabor, mas com qualidades *de cor* fracas em comparação com extensores à base de soja. O Centro de Investigação e Desenvolvimento de Proteínas Alimentares da Universidade Texas A&M trabalhou na texturização de farinha de amendoim parcialmente desengordurada (Riaz, *et al.*, 2005). A farinha de amendoim parcialmente desengordurada pode ser produzida usando o conceito mencionado acima (para farinha de soja desengordurada mecanicamente). A farinha de amendoim desengordurada está disponível no mercado, mas é dispendiosa, pelo que a produção comercial de uma proteína vegetal texturizada não é económica.

Sésamo

A utilização de farinha de sésamo desengordurada tem sido alvo de atenção devido às suas qualidades nutricionais. Esta proteína vegetal, juntamente com a farinha de girassol, tem sido ocasionalmente utilizada para produzir extensores de carne satisfatórios. Mais uma vez, a farinha de sésamo desengordurada não está disponível comercialmente para texturização.

Mecanismos de Texturização dos Alimentos

As técnicas de texturização incluem duas etapas essenciais:

1. Criação, no meio hidratado, de um corpo molecular ou macromolecular caracterizado por uma estrutura direcional (anisotrópica).

2. Insolubilização dos componentes do corpo molecular e formação de um sistema reticulado suficientemente coerente capaz de imobilizar a fase hidratada do produto.

Coagulação/desnaturação térmica

A coagulação térmica pode ser utilizada para estabilizar estruturas artificiais impostas ao material proteico. A agregação e a reticulação (reticulação) das moléculas no estado macroscópico podem ser tornadas insolúveis e "fixadas" por tratamento térmico.

Devido à energia que fornece, o calor quebra as forças interactivas internas, nomeadamente as das ligações de hidrogénio com a água, favorecendo o estabelecimento de ligações físicas ou químicas entre as cadeias polipeptídicas de uma mesma molécula (intramoleculares) ou entre diferentes moléculas de proteínas (intermoleculares). A transferência de ligações SS intramoleculares para ligações SS intermoleculares é uma consequência específica do tratamento térmico.

A desnaturação térmica das proteínas permite três modos de solidificação do meio aquoso rico em proteínas:

a. Gelificação termo-reversível (tipo gelatina).

b. Gelatinização não reversível.

c. Coagulação não reversível (agregação).

A concentração molar dos aminoácidos hidrofóbicos da cadeia proteica é um dos elementos que determina o tipo de fenómeno de modificação, como foi demonstrado por Shimada e Matsushita [6]. O peso molecular das proteínas é outro fator importante no seu comportamento quando aquecidas, uma vez que os monómeros iniciais das proteínas podem formar grupos moleculares (polímeros), que podem ser o ponto de partida para uma maior coagulação.

Os fenómenos acima referidos desempenham um papel decisivo no processo de texturização e na determinação das características organolépticas texturais dos produtos em causa.

Processos de texturização

As características dos produtos vegetais texturizados dependem principalmente, como já foi dito anteriormente, da orientação conferida ao material constituinte, quer a nível molecular, quer, pelo menos, a nível microscópico ou sub-microscópico. A principal tarefa do processo de texturização consiste em orientar as moléculas individuais de proteínas de modo a conferir, após a fixação, uma resistência anisotrópica ao alimento.

É notável observar que os numerosos processos (durante os últimos vinte anos, mais de 200) que foram propostos, e geralmente patenteados, incluem sempre pelo menos uma etapa técnica destinada a conferir uma orientação discreta ou importante ao material proteico. Este objetivo comum das tecnologias tornar-se-á evidente na análise subsequente dos processos-modelo.

Os numerosos processos existentes, alguns dos quais já são aplicados industrialmente, podem ser divididos em 9 classes que abrangem a maioria das tecnologias propostas. As diferenças, dentro das classes, estão de facto mais relacionadas com a conceção da maquinaria do que com o princípio da texturização em si. As classes, ou tipos de processamento, são

1. Girar.

2. Extrusão para cozedura.

3. Texturização do gel.

4. Texturização das lágrimas.

5. Plastificação - extrusão.

6. Derrctcr a fiação.

7. Texturização por solvente.

8. Texturização por deformação da superfície.

9. Texturização por congelação.

10. Texturização biológica

1) Fiação de fibras

A texturização através da fiação adicionou uma nova dimensão à capacidade de produzir alimentos artificiais ou fabricados. É bem sabido que grande parte do prazer de comer deriva das qualidades texturais e da significativa variedade e diferenças de textura dos nossos alimentos naturais. Tem sido feito um estudo considerável sobre a medição e o controlo da textura dos produtos naturais. Em muitos casos, a textura é de importância primordial para a aceitabilidade dos alimentos. Por vezes, ultrapassa mesmo o sabor como a caraterística mais desejável (Szczesniak e Kleyn 1963; Szczesniak 1971).

Método de fiação de fibras

O material de partida (teor proteico >90%, por exemplo, um isolado proteico de soja) é suspenso em água e solubilizado pela adição de álcali. A solução a 20% é então envelhecida a pH 11 com agitação constante. A viscosidade aumenta durante este tempo à medida que a proteína se desenvolve. A solução é então pressionada através dos orifícios de uma matriz (5000-15 000 orifícios, cada um com um diâmetro de 0,01-0,08 mm) para um banho de coagulação a pH 2-3. Este banho contém um ácido (cítrico, acético, fosfórico, lático ou clorídrico) e, normalmente, 10% de NaCl. As soluções de fiação de misturas de proteínas e de polissacáridos ácidos contêm igualmente sais alcalinos terrosos. As fibras proteicas são alargadas (até cerca de 2 a 4 vezes o comprimento original) numa fase de "enrolamento" e são agrupadas em fibras mais espessas com diâmetros de 10-20 mm. As interacções moleculares são reforçadas durante o estiramento da fibra, aumentando assim a resistência mecânica dos feixes de fibras. O solvente aderente é então removido pressionando as fibras entre rolos, colocando-as depois num banho de neutralização (NaHCO3 + NaCl) de pH 5,5-6 e, ocasionalmente, também num banho de endurecimento (conc. NaCl). Os feixes de fibras podem ser combinados em agregados maiores com diâmetros de 7-10 cm. Um tratamento adicional envolve a passagem dos feixes por um banho contendo um aglutinante e outros aditivos (uma proteína que coagula quando aquecida, como a proteína do ovo; amido modificado ou outros polissacáridos; compostos aromáticos; lípidos). Este tratamento permite obter feixes com uma estabilidade térmica e um aroma melhorados. Um banho típico para fibras que se destinam a ser transformadas num análogo de carne pode consistir em 51% de água, 15% de ovalbumina, 10% de glúten de trigo, 8% de farinha de soja, 7% de cebola em pó, 2% de hidrolisado proteico, 1% de NaCl, 0,15% de glutamato monossódico e 0,5% de pigmentos. Finalmente, os feixes de fibras embebidos são aquecidos e cortados.

2) Extrusão

A texturização por extrusão é um processo que utiliza o cisalhamento mecânico, o calor e a pressão gerados na extrusora alimentar para alterar as estruturas dos componentes alimentares, incluindo as proteínas (Harper, 1986). A extrusão de parafuso único tornou-se popular na indústria alimentar a partir de 1935, quando foi inicialmente utilizada para fabricar produtos de massa (Kinsella e Franzen, 1978). A primeira extrusora de duplo parafuso foi desenvolvida em 1869 para o fabrico de salsichas, e a primeira utilização de extrusoras de duplo parafuso para produtos alimentares expandidos começou na década de 1970 (Hsieh, 1992). As extrusoras de duplo parafuso que contêm dois parafusos rotativos internos que pressionam o material contra as paredes aquecidas do barril e forçam a massa fundida resultante através de uma matriz de restrição que alinha a massa na direção do fluxo rotacional são as preferidas para a texturização de proteínas (Harper, 1986; Kinsella e Franzen, 1978). O processo combina transporte, mistura, trabalho e formação no que é basicamente um reator de fluxo contínuo de baixa humidade (Camire *et al.*, 1990). A texturização de proteínas por extrusão é efectuada com tempos de permanência inferiores a 2 minutos (Onwulata *et al.*, 2006). A massa fundida na extrusora expande-se ou incha quando sai da matriz devido à libertação súbita de pressão. Por conseguinte, os componentes sensíveis ao calor, como os aromas e os oligoelementos, são adicionados após a extrusão (Camire, 1991); caso contrário, as vitaminas podem ser destruídas e o mineral pode tornar-se indisponível se for complexado com outros materiais. A desnaturação puramente térmica das proteínas requer tempos muito mais longos: o colagénio em calor húmido abaixo de 120^0 C necessita de 30 min para desnaturar (Meyer *et al.*, 2005), os glúten de trigo devem ser sujeitos a 200-2150C de calor seco durante 72 min (Friedman *et al.*, 1987) e, como mencionado acima, as proteínas do soro de leite requerem pelo menos 50^0 C e 30 min para texturização sem a utilização de processamento por extrusão.

(a)Texturização por coextrusão

A coextrusão é o processo de extrusão de dois ou mais materiais em simultâneo ou em tandem. Permite a combinação de um ingrediente como a farinha de trigo, que é barata e facilmente enriquecida com vitaminas e minerais, com proteínas lácteas, que proporcionam funcionalidade e textura. Por exemplo, uma coextrusão precoce de farinha de trigo e caseína de coalho foi efectuada por van de Voort et al. (1984), que obtiveram produtos com características variáveis em função dos parâmetros do processo.

(b)Texturuização por extrusão de fluido supercrítico

A extrusão de baixo impacto do processo pode ser realizada através da introdução de CO_2 supercrítico. A extrusão de fluido supercrítico (SCFX) tem sido utilizada numa vasta gama de temperaturas de texturização para diferentes fracções de proteínas de soro de leite com amido. Neste processo, o CO_2 supercrítico é injetado na massa no tambor da extrusora, a temperatura e a pressão são ajustadas para controlar a nucleação de bolhas e o grau de crescimento celular é manipulado através da seleção da matriz adequada e do controlo do arrefecimento e da secagem após a extrusão (Rizvi *et al.*, 1995). A SCFX atenua algumas das condições ambientais adversas na extrusora, como a destruição de compostos sensíveis ao calor e ao cisalhamento. O SCFX abaixo de 90^0 C transforma as proteínas do soro de leite em géis de fixação a frio (Manoi e Rizvi, 2008, 2009). O processo pode ser utilizado para depositar vitaminas diretamente numa massa fundida cozinhada e arrefecida que pode ser insuflada com CO_2 à saída do molde e depois seca para obter cereais de pequeno-almoço. Os autores sugerem que uma massa de cozedura rápida pode ser obtida por SCFX, uma vez que o produto não é pré-cozinhado na extrusora (Rizvi *et al.*, 1995).

(c)Extrusão a frio Texturização

As temperaturas de cozedura elevadas utilizadas na extrusão normal levam à *descoloração* das proteínas do soro de leite devido à reação de Maillard, à racemização da proteína durante a reticulação, à destruição dos aminoácidos contendo enxofre, cisteína e metionina, e a outros problemas (Pordesimo e Onwulata, 2008). Como o cisalhamento sem aquecimento foi considerado adequado para induzir a texturização do soro de leite particulado (Walkenstrom *et al.*, 1998), foram efectuadas algumas investigações na área da extrusão a frio ou não térmica. A extrusão a frio é definida como a extrusão em que a temperatura do processo é inferior a 50^0 C. As temperaturas do gel fundido não são atingidas na extrusão a frio, o que produz géis induzidos por cisalhamento semelhantes aos géis fixados a frio (Cho *et al.*, 1997). As proteínas desnaturadas a frio encontram-se num estado semelhante ao estado globular fundido exibido pelas proteínas desnaturadas pelo calor (Kunugi e Tanaka, 2002).

3) Texturização de gel

Este processo permite várias aplicações tecnológicas, desde a extrusão de materiais gelificados (tiras, plaquetas, etc.) até à produção de grumos estratificados através de um fenómeno de contração obtido por secagem parcial ou por processos osmóticos. Os materiais proteicos utilizados devem ser capazes de formar um gel não reversível (ou seja, termoestável). Esta propriedade requer que as moléculas do material proteico e da água estejam altamente dispersas. Por conseguinte, a hidratação preliminar do material tem um papel muito importante no processo (Giddy 1983). Os vários componentes, incluindo a água, são cuidadosamente misturados e homogeneizados. Posteriormente, a massa fina é submetida a um tratamento térmico que determina a formação de um "progel" que tem uma forma definida após moldagem e secagem parcial. A fumagem e o processo de secagem conduzem a uma maior tensão interna, conferindo assim ao produto uma textura particular semelhante à da carne curada.

4) Texturização das lágrimas

Esta abordagem tecnológica pode conduzir a vários processos, sendo um bom exemplo do seu princípio o processo proposto pelo Southern Regional Research Center (EUA) de Nova Orleães (Cherry e Berardi 1981) para a proteína de algodão: uma suspensão aquosa de isolado de proteína de algodão é cuidadosamente agitada, sendo a sua temperatura aumentada de 25°C para 90°C. O efeito de rasgamento que ocorre durante a coagulação produz uma estrutura caraterística de fibra lamelar. A dificuldade com este tipo de processos tem sido a transposição da aplicação laboratorial para uma escala industrial.

5) Fiação por fusão

Este princípio de texturização baseia-se na fiação de material proteico seco, ou quase seco, por fusão térmica e foi estudado no nosso laboratório. Ao misturar o material proteico com aditivos, a temperatura de fusão pode ser reduzida, facilitando assim a produção de fibras. Este processo de fiação é mais simples do que a fiação húmida e é adequado para materiais mistos, como os concentrados de proteínas. Sendo secas, as fibras obtidas têm um bom prazo de validade. São hidratadas antes de serem utilizadas.

6) Texturização com solvente

Vários autores propuseram a produção de fibras mistas de polissacáridos/proteínas sem fiação. Estes processos incluem a agitação de um solvente orgânico polar (ou seja, miscível com água), como o etanol ou a acetona, com a solução aquosa do material escolhido.

O mecanismo de formação das fibras é muito complexo; pode ser resumido da seguinte forma:

➤ Co-insolubitização dos dois materiais - proteína e polissacárido (por exemplo, de origem microbiológica) - pelo menos um dos quais tem uma estrutura linear (cadeia alongada) favorável à formação de fibras.

➤ Além disso, a formação de fibras depende da viscosidade da solução aquosa que permite, quando misturada com o solvente orgânico, produzir finos fluxos de líquido aquoso que geram uma estrutura fibrilar.

Que constituem a matéria de organismos unicelulares como a levedura. Contrariamente aos métodos acima mencionados, o solvente polar (e não a água) foi o transportador dos materiais celulares.

7) Texturização por deformação da superfície

A aplicação deste processo a materiais com elevado teor de proteínas (por exemplo, concentrado de proteínas) levou ao desenvolvimento à escala industrial, no nosso laboratório, de uma técnica designada por Stretch-Cross-Folding (Giddey US Patent No 3,973.044), cujos resultados são excelentes para determinadas formulações. O princípio baseia-se na formação de uma camada fina (< 0,1 ram) de material proteico hidratado e homogeneizado. Esta camada altamente esticada é libertada e dobrada em cruz. É assim criada uma estrutura orientada, composta por um grande número de pequenas fibras paralelas, que constitui a base dos produtos texturados. A estabilização da estrutura é obtida pela coagulação das proteínas através de um tratamento térmico adequado. Este processo, para o qual foi concedida uma patente, é igualmente adequado para misturas de proteínas animais e vegetais. Os produtos assim obtidos têm várias formas e tamanhos.

8) Texturização por congelação

O chamado processo de Texturização por Congelação (Patente Menzi CH n.º 616.057) foi desenvolvido pela Battelle, cujo princípio consiste em imprimir uma rede de estrias de forma irregular, mas paralelas, numa camada semi-congelada de carne moída ou de carne moída misturada com proteínas vegetais. O produto final é obtido por sobreposição de várias destas camadas estriadas e o seu aspeto e textura são semelhantes aos de um produto de carne original.

Neste processo, a textura é devida à presença de zonas longitudinais com uma resistência mecânica inferior à das camadas intermédias. Além disso, neste caso, a qualidade da textura depende das capacidades de coagulação e de coesão térmica do material de base.

Foram concedidas várias patentes para outro princípio de texturização por congelação: a crioconcentração de uma pasta hidratada de material proteico. Neste processo, a congelação lenta, logo abaixo de 0°C, leva à formação de camadas de cristais de água pura separadas por áreas não congeladas de proteínas concentradas. A refrigeração controlada determina a formação de camadas sobrepostas de material proteico e gelo; após a coagulação térmica das proteínas, obtém-se um produto tamelar-fibrilar texturado que imita a estrutura da carne.

9) Texturização biológica

Uma técnica de texturização que difere fundamentalmente das nove classes ou tipos acima identificados é a produção de substitutos de carne com base no micélio fibrilar de Fusarium graminearum (março de 1981). Este organismo, quando cultivado num meio de cultura apropriado, produz uma matéria fibrosa de quitina-glucano que incorpora um material proteico que é coagulado por aquecimento. O potencial de aplicação desta técnica é prometedor, logo que sejam resolvidos alguns problemas legais.

Proteínas vegetais texturizadas

As recentes melhorias na nutrição humana, na produção agrícola e nos mercados mundiais resultaram num aumento do interesse pelas proteínas vegetais texturizadas. As proteínas vegetais texturizadas são reconhecidas como um dos ingredientes mais procurados devido à sua capacidade de contribuir para duas das principais tendências alimentares, incluindo a procura contínua de alimentos de alta qualidade e com baixo teor de gordura e o próspero domínio dos alimentos funcionais e nutracêuticos (Riaz 2004). O Departamento de Agricultura dos Estados Unidos (USDA) definiu os produtos de proteína vegetal texturizada como "produtos alimentares fabricados a partir de fontes de proteínas comestíveis e caracterizados por terem uma integridade estrutural e uma estrutura identificável, de modo a que cada unidade resista à hidratação e à cozedura, bem como a outros procedimentos utilizados na preparação dos alimentos para consumo" (USDA 1971). Os produtos são produzidos numa variedade de formas e tamanhos. As formas mais populares são os pedaços, os grânulos e os flocos. Quando preparados para consumo por hidratação, cozedura, retortagem ou outros procedimentos, mantêm a sua integridade estrutural e a sua textura mastigável caraterística (Anonymous 1972). O termo genérico, "proteína de soja texturizada" (PTS), significa tipicamente farinhas ou concentrados de soja desengordurados que são processados mecanicamente por extrusoras para obter texturas mastigáveis semelhantes às da carne quando hidratados e cozinhados (Singh e outros 2008).

O consumo de proteínas vegetais texturizadas em diferentes regiões do mundo baseia-se em razões religiosas ou culturais e a dieta vegetariana dos hindus é um exemplo disso. Os alimentos de proteína vegetal são de interesse para as pessoas que seguem as directrizes dietéticas judaicas (kosher). O Islão é uma das religiões que mais cresce no mundo, pelo que o desenvolvimento de alternativas proteicas sem carne é altamente desejável para os processadores de alimentos, uma vez que o mercado global de alimentos certificados como halal está a crescer rapidamente. As proteínas vegetais texturizadas são aceites como alimentos halal (Lusas 1996). São frequentemente consideradas como uma escolha saudável porque não contêm colesterol, são pobres em gordura e têm poucas calorias. Uma razão adicional para utilizar proteínas vegetais é o facto de terem um preço mais baixo do que as proteínas musculares e, consequentemente, podem reduzir o custo do produto de carne.

Os produtos proteicos texturizados são definidos como "ingredientes alimentares palatáveis fabricados e transformados a partir de uma fonte de proteína comestível, incluindo, entre outros, grits de soja, isolados de proteína de soja e concentrados de proteína de soja, com ou sem ingredientes opcionais adequados adicionados para fins nutricionais ou tecnológicos". Podem apresentar-se sob a forma de fibras, fragmentos, pedaços, fragmentos, grânulos, fatias ou outras formas. Quando preparados para consumo por hidratação, cozedura, retortagem ou outros procedimentos, mantêm a sua integridade estrutural e a sua caraterística "textura mastigável" (Anon., 1972).

A proteína vegetal texturizada ou "TVP" é uma marca registada para as proteínas de soja texturizadas produzidas pela empresa Archer Daniel Midland (ADM), em Decatur, Illinois, EUA.

Em termos genéricos, a proteína de soja texturizada ou "TSP" (uma marca registada com direitos de autor da PMS Foods, atualmente Legacy Foods, em Hutchison, Kansas, EUA), significa tipicamente farinhas ou concentrados de soja desengordurados, processados mecanicamente por extrusoras para obter uma textura semelhante à da carne. Textura quando re-hidratada e cozinhada. Um produto granulado, seco e de sabor suave produzido a partir de farinha de soja desengordurada altamente refinada. É utilizado em inúmeros produtos análogos à carne, desde hambúrgueres de soja a cachorros-quentes, e também como um extensor em inúmeros alimentos processados, desde cereais de pequeno-almoço a sobremesas congeladas. A proteína vegetal texturizada é uma categoria ampla que representa produtos com uma grande variedade de texturas e várias tecnologias de processamento. Para efeitos da nossa discussão neste texto, a proteína vegetal texturizada pode ser descrita como produtos alimentares que substituem total ou parcialmente a carne na dieta humana e que têm uma aparência, textura e conteúdo nutricional semelhantes aos produtos à base de carne. Os produtos à base de carne que podem ser imitados pela proteína vegetal texturizada são produtos feitos de carne emulsionada, como cachorros-quentes; produtos feitos de carne moída, como salsichas ou rissóis de carne moída; produtos à base de carne reestruturada feitos de carne de músculo inteiro, como fiambre desossado; e produtos de carne de músculo inteiro.

A indústria respondeu a esta procura com desenvolvimentos tecnológicos que permitem a utilização de uma gama crescente de ingredientes principais no fabrico de produtos alternativos à carne (Sadler, 2004).

O termo "proteínas alimentares vegetais texturizadas" tem sido aplicado de forma vaga a uma vasta gama de categorias de produtos fabricados principalmente a partir de farinhas, concentrados e isolados de soja, bem como de outras proteínas de cereais e leguminosas.

Tipos de proteínas vegetais texturizadas

Existem vários tipos diferentes de proteínas vegetais texturizadas disponíveis no mercado para serem utilizadas com carne ou "tal e qual". Segue-se uma lista das proteínas vegetais texturizadas disponíveis (Plattner, 2009):

1) Snacks ricos em proteínas

2) PAMC em pedaços

3) Análogo de carne estruturado (SMA)

4) Proteínas vegetais fibrosas

5) Análogo da carne

   a) Análogo de carne com elevado teor de humidade (HMMA)

   b) Análogo de carne com baixo teor de humidade (LMMA)

6) Proteína de carne texturizada (TMP).

1) Snacks ricos em proteínas

Este tipo de proteína texturizada foi concebido para ser utilizado na forma seca para snacks, e pode ser aromatizado externamente com sabores regionais. Além disso, é utilizada para fazer snacks de elevado teor proteico, como barras de elevado teor proteico. Ao texturizar, estes snacks de elevado teor proteico devem ser estaladiços ou crocantes, mas não duros. Uma vez que estes snacks são consumidos na forma seca, devem ser resistentes à quebra durante o processamento. A matéria-prima mais comum para o fabrico destes tipos de snacks de elevado teor proteico é a farinha de soja que contém 50-60% de proteína e 70 PDI. Estes snacks podem ser feitos com concentrado de soja contendo 70% de proteína. Para este efeito, os concentrados de soja devem ser do tipo de baixa solubilidade (lavados com álcool). Além disso, o conteúdo proteico precisa de ser diluído para evitar uma expansão excessiva. À medida que aumentamos o teor de proteínas destes aperitivos, a textura dos mesmos será afetada. A Figura 15.2 mostra o efeito da adição de proteína em diferentes níveis para extrudir estaladiços de arroz com 80% de proteína: a textura irá mudar. Por vezes, pode ser adicionada farinha de arroz isolada de soja e amido de tapioca para atingir a funcionalidade desejada. Estes aperitivos são revestidos externamente com pós aromatizantes e óleo.

2) Proteína vegetal texturizada (extensor de carne - tipo pedaço)

Os extensores de carne produzidos a partir do processamento por extrusão de farinha ou flocos de soja desengordurados e concentrados de soja constituem a maior parte das proteínas alimentares vegetais texturizadas. Estes tipos de produtos são misturados com carne para processamento posterior, alterando as propriedades da carne. Estes produtos são caracterizados por uma estrutura esponjosa aleatória semelhante à carne que imita a textura mastigável da carne quando hidratada com água. Estes produtos são reidratados a 60-65% de humidade e misturados com carne ou emulsões de carne para atingir níveis de 20-30% ou superiores. São normalmente adquiridos na forma seca (6-10% de humidade) em tamanhos que vão desde pequenos flocos ou grânulos de cerca de 2 mm até grandes "bifes" com 12 mm de espessura, 80 mm de largura e 120 mm de comprimento. Outras formas que estão normalmente disponíveis são cubos (6-20 mm) e noodles. Os produtos podem ser coloridos para imitar um determinado tipo de carne. Por exemplo, os pedaços cor de caramelo podem ser utilizados para imitar uma carne vermelha cozinhada e os pedaços vermelhos podem ser utilizados para imitar o borrego ou um produto de carne curada. A figura 15.3 mostra proteínas vegetais texturizadas com cores diferentes. Como discutido abaixo, estes produtos são hidratados durante a sua transformação num extensor de carne ou alternativa à carne. Este processo de hidratação requer tipicamente 5-15 minutos em água à temperatura ambiente e resulta no facto de o produto seco absorver 1,53 vezes o seu peso em água. A absorção de água depende da matéria-prima utilizada no fabrico da proteína vegetal texturizada. A proteína vegetal texturizada pode ser fabricada em diferentes tamanhos, de 2 a 30 mm, consoante a aplicação. Os extensores de carne estão disponíveis sob a forma de pedaços (15-20 mm), picados (>2 mm) e em flocos (>2 mm). Os extensores de carne podem ser feitos a partir de farinha de soja ou de concentrados de soja, dependendo dos requisitos nutricionais e do nível de proteínas nos produtos finais. Se forem feitos com farinha de soja, os extensores de carne podem normalmente absorver 2,5-3 vezes mais água do que o seu peso original; enquanto que, se forem feitos de concentrados de soja, podem absorver 4,5-5 vezes mais água. As taxas de re-hidratação dependem do tamanho e da área de superfície dos produtos. Os flocos de extensor reidratam-se mais rapidamente do que os produtos picados ou o extensor de carne em pedaços. As propriedades da matéria-prima afectarão a absorção de água e o teor de óleo nos sistemas de carne. A farinha de soja deve ter 60-70 PDI e um nível de proteína de 50%. No caso dos concentrados de soja, pode ser utilizado um material de menor solubilidade proteica para obter um bom produto. O produto resultante terá aproximadamente 70% de proteína. Uma composição típica de proteína de soja texturizada é a seguinte

Quadro 1 Proteína vegetal texturizada (extensor de carne - estilo "chunk")

Componentes	Quantidade (%)
Humidade	9.0
Proteína (Nx6.25 mfb)	Mín. 53.0
Proteína (Nx6,25 como está)	Mín. 50.0
Éter gordo	Máx. 1.0
Gordura (hidrólise ácida)	Máx. 3.0
Fibra alimentar total	18.0
Hidratos de carbono (incluindo TDF	Por diferença 30.0
Calorias (por 100 g)	270.0

3) Análogo de carne estruturado

Este tipo de produto texturizado é notavelmente semelhante à carne em termos de aparência, textura e sensação na boca quando cozinhado corretamente. O análogo de carne estruturado ou (SMA) é uma reintrodução de um produto semelhante ao produto Uni-Tex desenvolvido pela Wenger em 1975. As matérias-primas e as suas propriedades são muito semelhantes aos análogos de carne e extensores de carne. O SMA é caracterizado por uma estrutura de camadas estriadas, semelhante à carne, que imita pedaços de carne muscular inteira. Este tipo de produto pode ser fabricado em diferentes tamanhos, de 6 a 20 mm, consoante a aplicação. A densidade do SMA é muito mais elevada do que a dos produtos de tipo "chunk" já referidos. A única diferença entre os análogos de carne e os extensores de carne é a forma como são texturizados pelas extrusoras. Se disponível, seria comprado como um produto seco com 8-10% de humidade. Pode ser colorido para imitar a aparência de carne vermelha cozinhada ou carne curada. As SMA absorvem normalmente pelo menos 3 vezes a água do seu peso, quando cozinhadas em água a ferver. Para transformar as SMA numa alternativa à carne pronta a comer, é necessário hidratá-las em água e aromas, o que demora 15 a 20 minutos em condições de ebulição ou até várias horas em água fria. Cerca de 1-2 vezes o peso do produto seco em água é absorvido pelo SMA seco, que pode então ser utilizado em qualquer lugar onde um produto de carne em cubos possa ser utilizado, como refeições prontas ou produtos enlatados. Para produzir este tipo de produto, é utilizada uma configuração especial de extrusora e um desenho de matriz. Quando foi introduzido pela primeira vez, em meados da década de 1970, este produto era fabricado através de um sistema relativamente complexo de duas extrusoras de parafuso único que funcionavam em série. A primeira extrusora servia como pré-cozinhador e a segunda como dispositivo de formação. Desde então, descobriu-se que o produto pode ser fabricado utilizando um sistema de extrusora de duplo parafuso que se baseia num bom pré-condicionamento com as funções de cozedura e de formação a ocorrerem na própria extrusora. O molde é concebido de uma forma muito simplificada para limitar a expansão que resultaria num produto denso. A mesma extrusora pode ser utilizada para fabricar produtos de chunk e SMA. As únicas diferenças são a configuração do barril da extrusora, o desenho da matriz e as condições de processamento. O produto SMA é transportado para um secador onde são necessários longos tempos de retenção para remover a água da estrutura densa. Após a secagem, o produto pode ser peneirado para remover quaisquer partículas finas e depois embalado. Um análogo típico de carne estruturada.

4) Proteína fibrosa de soja

Os produtos proteicos fibrosos são fabricados utilizando uma extrusora de cozedura associada a uma tecnologia de molde especializada para formar a estrutura fibrosa contínua. Estes produtos são caracterizados por longos fios de fibras fi nas e sedosas que correm longitudinalmente ao longo da peça. Uma receita típica para fazer proteína fibrosa contém concentrado de soja (com alta solubilidade), isolados de soja (com alta solubilidade e alta viscosidade) e amido de milho ou trigo. Uma formulação típica para a proteína fibrosa é a seguinte:

• Isolados de soja 70%

• Amido de trigo 30%.

É um método mais eficiente e de alta capacidade para produzir produtos muito semelhantes aos isolados de proteína fiados. A formação de proteína de soja fibrosa depende da utilização de isolados de proteína de soja específicos e de alta viscosidade, glúten de trigo vital e amido.

Os produtos de proteína de soja fibrosa estão geralmente disponíveis em pedaços com cerca de 15-25 mm de diâmetro por 30-70 mm de comprimento. Estes pedaços estão disponíveis na forma seca (6-10% de humidade) e contêm 50-70% de proteína. Uma típica proteína fibrosa de soja é mostrada na Fig. 15.6. Os produtos de proteína de soja fibrosa também podem ser *coloridos* com *cor* de caramelo para imitar carne vermelha cozinhada ou com vermelho para imitar carnes curadas. Os produtos naturalmente *coloridos* são muito bons para produzir alternativas à carne que imitam produtos de aves ou peixe. Este tipo de proteína texturizada é utilizado para reestruturar o análogo da carne e imitar o tipo de carne de peito de frango. As proteínas fibrosas são utilizadas para fabricar produtos que imitam muito de perto o músculo inteiro ou produtos de carne reestruturados, tais como carnes de charcutaria, peitos de frango e filetes de peixe. Para preparar os produtos para consumo, os pedaços fibrosos são hidratados em água, e normalmente absorvem 3 vezes o seu peso em água quando re-hidratados. As fibras são extraídas do pedaço por um picador de taças. Nesta fase, podem ser adicionados os sabores, *corantes* e aglutinantes desejados. A massa é então transformada em análogos de carne de origem vegetal, como fiambre, frango ou carne de vaca. Estes aglutinantes são frequentemente proteínas solúveis de fontes como ovos, leite ou soja, mas também podem incluir outros aglutinantes como amido e carboximetilcelulose (CMC). A mistura é então moldada numa forma como um simples hambúrguer, enfiada num invólucro como uma salsicha, moldada numa peça muito complexa que imita de perto o aspeto estrutural de um meio frango. As formas formadas são então cozinhadas para fixar os aglutinantes de modo a que a forma seja mantida. Podem ser adicionados tratamentos de superfície adicionais para dar a aparência de pele ou marcas de grelha. Estes produtos são muito semelhantes aos produtos de glúten texturizado fabricados por um processo diferente, mas inteiramente compostos por material de soja. Estes produtos alternativos à carne são frequentemente congelados e podem ser embalados e comercializados numa variedade de formas que correspondem aos mesmos esquemas que são utilizados para os produtos à base de carne que estão a imitar.

a) Análogos de carne com elevado teor de humidade (HMMA)

Um produto relativamente novo inventado na Europa e depois trazido para os EUA, os análogos de carne com elevado teor de humidade (HMMA) são atualmente fabricados por várias instalações de extrusão piloto e comerciais para consumo humano, bem como para a indústria de alimentos para animais de companhia. O HMMA foi concebido para imitar as propriedades, a textura, o perfil nutricional, o sabor e o aspeto da carne de músculo inteiro, especialmente os produtos de carne muito magra ou com baixo teor de gordura. O HMMA pode ser fabricado em vários tamanhos, começando com 12 mm de espessura e 80 mm de largura. Tem uma estrutura densamente estratificada e algo fibrosa, semelhante à encontrada nos produtos de músculo inteiro. Normalmente, contém pelo menos 60-70% de humidade, 2-5% de óleo e 10-15% de proteínas. Uma vez fabricado, deve ser congelado para ser armazenado devido ao elevado teor de humidade ou retortado em latas para aumentar o prazo de validade. Geralmente, está disponível em pedaços para imitar a carne em cubos ou em pedaços para imitar a carne desfiada. As aplicações típicas são alimentos étnicos preparados, refeições prontas congeladas e produtos alimentares similares de gama alta. A Fig. mostra um exemplo típico de HMMA. O HMMA é produzido através de um processo de extrusão por cozedura que se baseia numa extrusora de duplo parafuso relativamente longa para misturar e aquecer a massa proteica a níveis de humidade de 60-70%. Esta massa húmida quente é bombeada pela extrusora através de uma longa matriz de arrefecimento onde ocorre a texturização. Para além da texturização, o produto é arrefecido a menos de 100 °C antes de sair da matriz, de modo a que não ocorra qualquer expansão, resultando num produto muito denso. Além disso, uma vez que o produto é arrefecido e se evita uma grande perda de vapor (comum noutros tipos de extrusão utilizados para ingredientes alternativos de carne cozinhada), o HMMA é um produto que pode ser aromatizado com sucesso misturando os ingredientes aromatizantes com a mistura de material proteico. Depois de sair da extrusora, o produto é perecível e precisa de ser manuseado tal como a carne verdadeira. Terá de ser arrefecido, moldado, tratado à superfície e congelado. Para além disso, a retortagem e a preservação asséptica ou química são opções. Uma receita típica contém concentrados de soja (alta solubilidade), isolado de soja (alta solubilidade/alta viscosidade), amido (milho ou trigo) e óleo (de origem vegetal). Um exemplo de uma formulação de HMMA é o seguinte: - Isolado de soja 45%

- Concentrados de soja 45%

- Amido de trigo 5%

- Óleo vegetal 5%.

b) Análogo de carne com baixo teor de humidade (LMMA)

O análogo de carne com baixo teor de humidade (LMMA) é extrudido com uma extrusora de duplo parafuso, utilizando uma configuração e um molde especiais para criar uma estrutura em camadas/fibrosa que pode imitar a textura e a composição da carne de músculo inteiro. Este produto é cortado com uma faca de extrusão na matriz no tamanho e forma do produto acabado, e seco após a extrusão para facilitar o manuseamento, o armazenamento e a estabilidade nas prateleiras. Em termos de tamanho, o LMMA pode ser fabricado com 12 mm de espessura x 80 mm de largura, consoante a aplicação. Este produto é hidratado com água para fazer vários artigos de carne. Após a hidratação, a sua composição é de aproximadamente 60-70% de humidade, 2-5% de óleo e 10-15% de proteínas. Após a hidratação, a sua estrutura é estratificada e fibrosa, e os tamanhos são muito semelhantes aos da carne de músculo inteiro. Após a extrusão, a LMMA é seca, arrefecida e embalada para armazenamento. Quando necessário, é re-hidratada e depois aromatizada ou revestida com condimentos e sabores para consumo. Uma formulação típica de LMMA contém concentrados de soja (alta solubilidade), isolado de soja (alta solubilidade), glúten de trigo, farinha de soja expelida mecanicamente e óleo (de origem vegetal). Uma LMMA típica é mostrada na Fig.

5) Proteína de carne texturizada (TMP)

Este tipo de produto é processado com uma extrusora de duplo parafuso que utiliza proteína de soja (principalmente farinha de soja) e carne para imitar a textura e a composição da carne de músculo inteiro. A proteína de carne texturizada (TMP) resultante apresenta-se em pequenos pedaços aleatórios com uma estrutura muito fibrosa e estratificada. Neste produto, a carne fresca de baixa qualidade pode ser uma parte importante dos ingredientes (até 65% da receita). Após a extrusão, o TMP pode ser seco, congelado ou embalado em retorta. Os tamanhos e formas do TMP são muito semelhantes à carne muscular "puxada" e estáveis na retorta. A sua principal aplicação é em alimentos enlatados para animais de estimação, com algumas outras aplicações de carne.

Proteína láctea texturizada

As proteínas lácteas são passíveis de modificações estruturais induzidas por altas temperaturas, cisalhamento e humidade; em particular, as proteínas do soro de leite podem mudar a sua conformação para novos estados desdobrados. A mudança no estado da proteína é uma base para a criação de novos alimentos. Os produtos lácteos, leite desidratado sem gordura (NDM), concentrado de proteína de soro de leite (WPC) e isolado de proteína de soro de leite (WPI) foram modificados utilizando uma extrusora de parafuso duplo a temperaturas de fusão de 50, 75 e 100 ∘C, e humidades que variam de 20 a 70 wt.%.

O fabrico de aperitivos expandidos utilizando proteínas de soro de leite não texturizadas (não modificadas) em grandes quantidades é apenas marginalmente bem sucedido (Singh e outros 1991), mas se as proteínas forem texturizadas ou modificadas juntamente com, ou antes de as adicionar à matriz de amido, pode ser criado um produto expandido funcionalmente melhorado, conduzindo a uma textura melhorada (Mohammed e outros 2000). As proteínas do soro de leite podem ser modificadas por reagentes químicos, calor ou cisalhamento na extrusora (Kim e Maga 1987). Utilizando apenas o tratamento químico, os grupos reactivos dos aminoácidos podem ser expostos, resultando em alterações nas forças não covalentes que influenciam a conformação, tais como as forças de van der Waals, interacções electrostáticas, interacções hidrofóbicas e ligações de hidrogénio (Kester e Richardson 1983). O calor e o cisalhamento alteram a conformação das proteínas através da desnaturação parcial das moléculas proteicas, que expõe grupos normalmente ocultos na proteína nativa dobrada (Kim e Maga 1987). Para melhorar a interação das proteínas do soro de leite com outros componentes alimentares, tais como amidos, farinhas e proteínas não lácteas, foram explorados diferentes métodos, principalmente para aumentar a expansão do extrudado. Por exemplo, para expandir diretamente a farinha de milho com elevado teor proteico contendo 30% em peso de concentrado proteico de soro de leite (WPC), foram utilizadas condições extremas de processo de extrusão de elevado cisalhamento e baixa humidade (Onwulata e outros 2001). Num processo semelhante, um extrudado expandido foi feito usando baixa temperatura ($<$ 100 °C) e baixo cisalhamento com extrusão de CO2 supercrítico (SCFX) (Rizvi e Mulvaney 1993). A gama de utilização de proteínas de soro de leite não modificadas em extrudados tufados pode ser alargada com dificuldade em quantidades superiores a 10 wt.% (Kim e Maga 1987; Onwulata e outros 1998).

Concentrado proteico de soro de leite texturizado

Existem duas abordagens para a extrusão das proteínas do soro de leite. Uma é a extrusão direta. Este processo envolve a mistura de proteínas e hidratos de carbono de cereais numa extrusora de rosca dupla para obter um produto final. Muitos investigadores investigaram a extrusão direta de proteínas (Aguilera e Kosikowski, 1976; Harper, 1986; Hale *et al.*, 2002; Holay e Harper, 1982; Kim e Maga, 1987; Matthey e Hanna, 1997; Singh *et al.*, 1991; Smietana *et al.*, 1988). A segunda abordagem envolve a texturização da proteína para produzir um ingrediente com uma funcionalidade desejada; o ingrediente de proteína de soro de leite texturizada (TWP) pode então ser usado posteriormente para obter propriedades funcionais melhoradas (Onwulata e Tomasula, 2004; Onwulata, 2009; Onwulata *et al.*, 2010).

A texturização reduz a capacidade de ligação à água das proteínas do soro quando a temperatura de extrusão é aumentada acima de 60^0 C, permitindo-lhes interagir melhor com o amido (Onwulata *et al.*, 2001a,b).

Esforços recentes têm-se concentrado em expandir a funcionalidade dos produtos de proteína de soro de leite para utilização noutros produtos sem utilizar condições extremas de processamento por extrusão. Para tal, é necessário um passo de pré-texturização para modificar as proteínas por meios químicos, enzimáticos ou físicos, para melhorar a funcionalidade dos alimentos, tal como uma melhor solubilidade. Utilizando principalmente meios físicos, foram criados novos efeitos de estruturas de superfície para uma gama de proteínas de soro de leite, alargando a sua funcionalidade (Onwulata e outros 2003; Onwulata e Tomasula 2004). A texturização por extrusão foi utilizada para criar estruturas fibrosas utilizadas como base para extensores de carne à base de proteínas de soro de leite (Hale e outros 2002; Walsh e Carpenter 2003). Produtos expandidos fortificados com proteína de soro de leite (Onwulata e outros 1998; Onwulata e outros 2001; Walsh e Carpenter 2003), e géis de fixação a frio (Manoi e Rizvi 2009) foram criados ajustando as condições de texturização.

Sabe-se que a texturização direta do soro de leite intensifica as redes de proteínas proteicas e melhora os padrões de rede da matriz, resultando no aumento do módulo de cisalhamento (Tunick e Onwulata 2006). A texturização de diferentes frações de proteína de soro de leite usando o processo SCFX em uma ampla faixa de temperaturas abaixo de 90 ∘C transformou as proteínas de soro de leite em géis de fixação a frio (Manoi e Rizvi 2008).

Mohammed et al. (2000) relataram que os isolados de soro de leite foram os mais desnaturados pelo calor entre as diferentes proteínas que extrudiram. As proteínas de soja e o glúten são dois sistemas que são geralmente extrudidos a alta temperatura e em condições de baixa humidade para formar produtos estruturados. A sua solubilidade é elevada, exigindo que as ligações dissulfureto, difíceis de quebrar, sejam dissolvidas com solventes de elevada solubilidade, como o b-mercapto-etanol e o dodecil sulfato de sódio (SDS). As TWPs comportaram-se de forma semelhante à proteína de soja e ao glúten, mostrando um padrão semelhante de ligação e reticulação.

Efeitos da texturização nas proteínas

Como mencionado anteriormente, a caseína não é desnaturada pelo calor. Em contraste, as proteínas do soro de leite são modificadas por reagentes químicos, calor ou cisalhamento quando extrudidas (Kim e Maga, 1987). As proteínas do soro de leite extrudidas são insolúveis, resultando em agregação (Walstra *et al.*, 1999). Os grupos reactivos dos aminoácidos podem ser expostos utilizando apenas o tratamento químico, resultando em alterações nas forças não covalentes que influenciam a conformação, tais como interacções electrostáticas, ligações de hidrogénio, interacções hidrofóbicas e forças de van der Waals (Kester e Richardson, 1984). O calor e o cisalhamento alteram a conformação das proteínas do soro de leite através da desnaturação parcial das moléculas de proteína, expondo grupos que estão normalmente escondidos na proteína nativa dobrada (Kim e Maga, 1987). Quando aquecidos acima de 70^0 C, os resíduos de cisteína sofrem reacções de troca de tiol-dissulfureto e reacções de oxidação de tiol (Gezimati *et al.*, 1997). Estas reacções, que ocorrem normalmente no espaço de uma hora, conduzem a estruturas reticuladas de soro de leite semelhantes a géis. O processo de extrusão resulta frequentemente no realinhamento de ligações dissulfureto e na quebra de ligações intramoleculares. As ligações dissulfureto estabilizam a estrutura terciária da proteína e podem limitar o desdobramento da proteína durante a extrusão (Taylor *et al.*, 2006). As características de fluxo e fusão foram melhoradas quando outras proteínas foram extrudidas com agentes redutores de dissulfureto (Areas, 1992), o que indica que as ligações de dissulfureto afectam negativamente o desempenho de extrusão das proteínas do soro de leite. As ligações dissulfureto intramoleculares também são conhecidas por afetar as propriedades funcionais das proteínas do soro de leite.

Os resultados da eletroforese em gel de poliacrilamida sugerem que a b-LG sofre uma maior perda conformacional em função da temperatura de extrusão do que a a-LA, presumivelmente devido à formação de ligações dissulfureto intermoleculares. A microscopia de força atómica indica que a texturização resulta numa perda de estrutura secundária de cerca de 15%, perda total da estrutura globular a 78 C e conversão para uma bobina aleatória a 100C (Qi e Onwulata, 2011). A humidade tem um pequeno efeito na texturização da proteína do soro de leite, enquanto a temperatura tem o maior efeito. A extrusão a uma temperatura igual ou superior a 75 C conduz a um produto polimérico uniforme e densamente embalado, sem elementos estruturais secundários (maioritariamente a-hélice) remanescentes (Qi e Onwulata, 2011). A desnaturação e a agregação das proteínas do soro de leite são afectadas pelo pH da extrusão. Ao extrudir WPI, as condições alcalinas aumentam a desnaturação e a solubilidade, diminuem as propriedades de colagem e produzem alterações microestruturais mais pronunciadas (Onwulata *et al.*, 2006). A desnaturação na extrusora faz com que as proteínas do soro de leite formem pequenos agregados primários que se combinam para formar grandes aglomerados. Os aglomerados são então alinhados por cisalhamento para formar estruturas fibrosas.

Três produtos diferentes de proteína de soro de leite extrudidos à temperatura de cozedura de 75 _C resultaram em diferentes graus de texturização da massa fundida. Entre as proteínas do soro de leite, a WPC (WPC80) foi a menos texturizada. A lactoalbumina de soro de leite (WLAC) e a WPI foram ambas significativamente (p < 0,05) mais texturizadas, mas foi observada uma maior amplitude de texturização para a WPI, os valores iniciais e finais foram de 28% a 94,8%, e por isso foi dada mais ênfase ao estudo da WPI (Onwulata *et al.*, 2006).

Efeitos da texturização na funcionalidade das proteínas

A variação da temperatura da cozedura da extrusão e das condições de humidade pode controlar a funcionalidade do TWPI. Verificou-se que o grau de desnaturação aumentou de 30% para 60%, 85%, e 95%, respetivamente, para WPC extrudido, WPI, e albumina de soro de leite a 35, 50, 75, e 100^0 C (Onwulata *et al.*, 2003a). Por exemplo, a formação de espuma e a digestibilidade foram minimamente afectadas pela extrusão. Outras propriedades físicas funcionais do TWPI, tais como força do gel, volume da espuma e estabilidade foram significativamente afetadas a 75^0 C e acima. Foi necessária uma humidade superior a 30% para extrudir as WPIs, mas a única alteração significativa na funcionalidade devido ao teor de humidade ocorreu à temperatura de extrusão de 100^0 C. Em particular, as proteínas de soro de leite modificadas usando o processo de texturização por extrusão (TWP) mostraram os benefícios mais aprimorados. Exemplos dos benefícios são propriedades físicas melhoradas, digestibilidade melhorada e conversão de proteínas (Hale *et al.*, 2002; Manoi e Rizvi, 2008; Onwulata, 2009; Onwulata e Tomasula, 2004; Onwulata *et al.*, 2003a,b).

A texturização incompleta ou a desnaturação parcial a temperaturas inferiores a 60^0 C aumentaram significativamente a força do gel, mas a 75^0 C ou mais, resultou na perda completa da propriedade de gelificação. O volume da espuma permaneceu alto até 50 _C, mas diminuiu significativamente (p < 0,05) acima de 75^0 C. A estabilidade da espuma seguiu o mesmo padrão que o volume da espuma, sendo muito estável durante uma hora abaixo de 50^0 C. Pelo contrário, Phillips et al. (1990) relataram que o WPI aquecido a 80^0 C teve pouco efeito na estabilidade da espuma.

Efeitos sobre o aroma e outros componentes

A retenção do aroma é uma preocupação com a extrusão devido à degradação térmica no barril e à volatilização na matriz (Riha e Ho, 1996). Além disso, pode ocorrer a geração de sabor a partir de reacções de Maillard e outras. Maga e Kim (1989) extrudiram caseinato de sódio, WPC e outras proteínas com amido de milho e descobriram que a extrusão a baixa temperatura e alta humidade resultou na produção de mais compostos aromatizantes do que a alta temperatura e alta humidade. Os aromatizantes podem ser adicionados ao material antes ou depois da extrusão para realçar os aromas desejáveis e mascarar os indesejáveis gerados durante a cozedura por extrusão (Maga e Kim, 1989). Os hidratos de carbono são gelatinizados durante a extrusão e o amido pode ser degradado em dextrinas, que são hidratos de carbono com menor peso molecular (Bjorck e Asp, 1983). Os grânulos de amido gelatinizam e derretem durante a extrusão porque as ligações de hidrogénio nas cadeias de polissacarídeos são quebradas pelo calor e pela humidade (Camire *et al.*, 1990). A gelatinização desempenha um papel importante nas características do produto final (Voort *et al.*, 1984). Os lípidos são hidrolisados pela humidade e pelo calor em ácidos gordos livres, embora as enzimas hidrolíticas possam ser desactivadas pela extrusão. Além disso, os ácidos gordos insaturados podem sofrer rancidez oxidativa (Camire *et al.*, 1990). As vitaminas, os microrganismos e as enzimas são susceptíveis de inativação ou destruição numa extrusora. A remoção de microrganismos e enzimas é desejável na maioria dos casos, mas a retenção de vitaminas é importante para considerações nutricionais (Bjorck e Asp, 1983). A sobrevivência das vitaminas aumenta se a humidade for aumentada e se a temperatura, a velocidade do parafuso e a entrada de energia específica diminuírem (Killeit, 1994). A perda de vitaminas pode ser compensada pela adição de mais do que a quantidade necessária de pré-extrusão ou pela aplicação de um revestimento vitamínico, enchimento ou pulverização após a extrusão.

Camire (2002) demonstrou que a texturização não parece ter um grande efeito na retenção e biodisponibilidade dos minerais. Outros relataram um aumento da retenção de ácido ascórbico em snacks à base de arroz e milho (Hazell e Johnson, 1989; Plunkett e Ainsworth, 2007), um aumento da difusibilidade do ferro e da absorção de proteínas complexadas com ferro (Poltronieri *et al.*, 2000; Watzke, 1998), e nenhuma diferença na absorção de ferro e zinco em seres humanos alimentados com farinha de farelo texturizada (Tait *et al.*, 1989). As vitaminas diferem muito em termos de estrutura e a sua degradação depende das condições de processamento, mas a minimização da temperatura e do cisalhamento protege a maioria das vitaminas durante o processamento (Singh *et al.*, 2007). Riaz *et al.*, (2009) e Bjorck e Asp (1983) relataram perdas de vitaminas durante o processamento de extrusão a alta temperatura e alto cisalhamento a 80-1800C, mas numa revisão mais recente da extrusão de alimentos e nutrição, Singh *et al.*,

(2007) mostraram que o efeito da extrusão na qualidade nutricional era ambíguo, tanto benéfico como prejudicial, dependendo das condições de processamento. Podem ser induzidas alterações controladas nas proteínas através de tratamentos térmicos suaves, alterações de pH e cisalhamento durante o fabrico de alimentos para as alterar favoravelmente do ponto de vista biológico e funcional, modificando aminoácidos específicos (Onwulata *et al.*, 2006). Por exemplo, as condições ácidas afectam a glutamina e a elasticidade, enquanto as condições alcalinas afectam a cisteína, a serina e a treonina, formando lisina-alanina e D-aminoácidos. O aquecimento das proteínas na presença de açúcares redutores resulta num escurecimento não enzimático. Embora a maior parte da desnaturação térmica seja irreversível, a desnaturação do a-LA é principalmente reversível (80-90%) acima do pH 3,3, dependendo da presença de cálcio. Abaixo de pH 3,3 ou na presença de quelantes de cálcio, a sua reversibilidade é reduzida (Korhonen *et al.*, 1998).

Aplicações

O nosso grupo utilizou a extrusão de duplo parafuso para produzir muitos snacks folhados texturizados fortificados com soro de leite. A proteína de soro de leite foi misturada com farinha de cevada, farinha de milho, farinha de arroz e amido de trigo antes da extrusão, levando a folhados de milho com um teor de proteína de 20% em vez dos habituais 2% (Onwulata *et al.*, 2001a). O soro de leite pode ser substituído por amido até 25% em snacks de milho extrudido, mas o produto não incha tanto como o milho sozinho, uma vez que a proteína de soro de leite que retém a água não reage com a matriz de amido (Onwulata *et al.*, 1998). Os WPCs ou isolados podem ser adicionados juntamente com o amido para criar snacks expandidos com maior conteúdo nutricional; no entanto, sem texturização, as proteínas de soro de leite em quantidades superiores a 15% podem interferir com a expansão, tornando os produtos menos estaladiços. Para contrariar este efeito, as proteínas do soro de leite podem ser texturizadas com amido para melhorar a sua interação com outros componentes alimentares numa formulação, principalmente para aumentar a expansão do extrudado. Numa aplicação bem sucedida, entre 25% e 35% da farinha foi substituída por proteína de soro de leite (Onwulata *et al.*, 2001a,b). A texturização permite a criação de produtos mais expandidos com níveis de proteína aumentados, que são produtos texturalmente mais firmes e estaladiços, mais fáceis de partir do que a farinha de milho típica ou a farinha de milho sem TWPI. Por exemplo, desenvolvemos vários produtos de farinha de milho com elevado teor proteico diretamente expandidos contendo 30 g/100 g de WPC (WPC80) e WPI. Os produtos protótipos eram pretzels, chips de milho e chips de tortilha (Onwulata, 2010).

Allen et al. (2007) produziram snacks folhados com amido de milho e amido ceroso pré gelatinizado, WPC e WPC instanciado, e concentrações de proteína de 16%, 32% e 40% e mostraram que o tamanho das células de ar, o rácio de expansão do extrudado e o índice de solubilidade em água diminuíram proporcionalmente à medida que os níveis de proteína e amido de milho aumentaram. A concentração de proteínas afectou significativamente as proteínas solúveis totais, o índice de absorção de água e os hidratos de carbono solúveis em água. Formou-se um complexo covalente entre a amilase e a proteína na presença de amido de milho, mas as interacções proteína-proteína apareceram com a presença de níveis baixos de amido ceroso pré gelatinizado.

1) Análogos e extensores de carne

Walsh e colaboradores da Universidade Estadual de Utah mostraram que os TWP podem ser utilizados como análogos e extensores de carne. Numa experiência, texturizaram o WPC por extrusão termoplástica, re-hidrataram os fragmentos e juntaram-nos em hambúrgueres com glúten de trigo, claras de ovo desidratadas e goma xantana (Taylor e Walsh, 2002). Obtiveram um hambúrguer coeso que resistiu à cozedura, à congelação e ao aquecimento por micro-ondas. A análise sensorial revelou que os hambúrgueres contendo TWP eram tão aceitáveis como os hambúrgueres de soja comerciais. Este grupo também alterou o pH durante a extrusão e adicionou cálcio à mistura WPC/amido antes da extrusão para obter extrudados com capacidade de retenção de água e níveis de proteína solúvel em água semelhantes aos de uma mistura que não foi extrudida (Hale *et al.*, 2002). Os painéis de consumidores gostaram dos hambúrgueres de carne de vaca feitos com _40% de TWP tanto como os hambúrgueres de carne de vaca a 100% em termos de sabor, suculência, tenrura, textura e aceitabilidade geral. Também descobriram que os hambúrgueres de carne de vaca formulados com _40%TWP tinham maior rendimento de cozedura e menor redução de tamanho do que os hambúrgueres de carne de vaca a 100%.

2) Análogos do queijo

O caseinato de cálcio e o óleo de manteiga foram extrudidos diretamente a níveis de humidade de 50-60% para obter um análogo de queijo sem água superficial ou gordura (Cheftel *et al.*, 1992). A emulsificação da gordura e a capacidade de fusão aumentaram com a velocidade do parafuso ou com a temperatura do barril. A textura dos análogos extrudidos era semelhante à dos obtidos por cozedura descontínua e foi afetada pelo pH (Cheftel *et al.*, 1992) e pelos sais emulsionantes (Cavalier-Salou e Cheftel, 1991). O produto pode ser utilizado como adjuvante em hambúrgueres, pizzas e molhos.

3) Produtos ricos em fibras

A celulose, a aveia e a fibra de trigo, que são todas insolúveis, foram incorporadas com proteína de soro de leite num produto extrudido (Walsh e Wood, 2010). O aumento do teor de fibra levou a uma diminuição do tamanho das células de ar, do rácio de expansão, dos hidratos de carbono solúveis em água e do índice de solubilidade em água, e a um aumento da força de rutura, da densidade do extrudido, do teor de humidade e do índice de absorção de água. A fibra pode ser adicionada até uma concentração de 18% sem afetar seriamente as propriedades físicas e químicas do produto, em comparação com um controlo sem fibra. Foram produzidas barras de aperitivos com elevado teor de fibra contendo até 40% de farelo de aveia por extrusão com WPC, leite em pó e leite seco magro (Onwulata *et al.*, 2000). Obteve-se um snack do tipo pão achatado não expandido com 20% de humidade. A extrusão a temperaturas até 140 _C não afectou a textura.

Outros produtos

Na sequência da investigação de Tossavainen *et al.* (1986), a extrusão é frequentemente utilizada para produzir caseína ácida insolúvel a partir de leite em pó desnatado e para converter a caseína ácida em caseinato de sódio. O procedimento é mais rápido do que a mistura por lotes (Akdogan, 1999). O WPI extrudido tem sido usado como um mímico de gordura. A formação de micropartículas é necessária para uma sensação cremosa na boca (Jost, 1993), e isto foi conseguido através da extrusão a um pH ácido (Queguiner *et al.*, 1992). Um xarope de arando foi combinado com sacarose, pectina, ácido cítrico e TWP para obter uma confeção fortificada com proteínas (Faryabi *et al.*, 2008). Foram desenvolvidas batatas fritas extrudidas de soro de leite contendo entre 30% e 70% de proteína (Taylor *et al.*, 2005). As batatas fritas de soro de leite tinham uma *cor* mais clara, um aroma mais baixo e um perfil de sabor diferente das batatas fritas de soja, o que permite uma personalização mais fácil da *cor* e do sabor (Taylor *et al.*, 2005). Foram desenvolvidas barras nutricionais contendo soro de leite extrudido a frio (Joseph *et al.*, 1995). A extrusão foi efectuada a 37 _C para produzir um produto de baixas calorias com elevado valor nutritivo. Um alimento de desmame foi obtido através da extrusão de WPC, WPI ou a-LA com farinha de taro, que é derivada de um tubérculo de raiz tropical (Onwulata *et al.*, 2002). Os extrudados foram pulverizados, transformados em pós e re-hidratados em pastas. Os extrudados co-misturados com WPI produziram a melhor consistência. As proteínas lácteas podem ser usadas para aumentar o conteúdo proteico de snacks tufados à base de amido feitos de farinha de milho; ligam a água e formam pastas pastosas com o amido, mas não com os não-TWPs. Existe uma grande possibilidade de criar novos alimentos com proteínas lácteas texturizadas devido à disponibilidade de uma vasta gama de estados alcançáveis (Onwulata *et al.*, 2010).

Conclusões

A extrusão é um meio eficaz de desnaturar as proteínas do soro de leite para criar produtos texturizados. A procura de extensores de carne e análogos de carne continuará a aumentar. Os extensores de carne continuam a ser o maior segmento do mercado de proteínas vegetais texturizadas; no entanto, a utilização de análogos de carne está a aumentar. Estamos a ficar mais conscientes do ponto de vista nutricional dos alimentos que ingerimos. Para além do elevado teor proteico benéfico das carnes reais, existem alguns benefícios negativos para a saúde, nomeadamente o colesterol. No entanto, a maioria das pessoas continua a gostar da sua carne. Os análogos de carne tornaram-se uma alternativa viável, oferecendo um substituto de carne nutricionalmente aceitável que, em alguns casos, se aproxima dos produtos de carne reais. Os cientistas alimentares fizeram grandes progressos no sentido de melhorar o sabor, a textura, a sensação na boca, o aspeto e *a cor* dos produtos análogos à carne. No mercado, é possível ver cada vez mais produtos análogos à carne e extensores de carne, tais como pedaços de bacon, hambúrgueres de soja, cachorros-quentes sem carne, nuggets de frango, rissóis/links de salsicha para pequeno-almoço e bacon, para citar apenas alguns.

O TWP pode ser utilizado como ingrediente para melhorar as características de muitos alimentos. A produção de snacks com níveis de proteína melhorados é possível através da extrusão direta de WPC ou WPI. A extrusão térmica a temperaturas elevadas é normalmente empregue, e a coextrusão com farinha e outros ingredientes reduz a entrada de energia mecânica. A extrusão com CO2 supercrítico ou a extrusão a frio (a 35 ou menos^0 C) é outra opção. A manipulação do processo de extrusão pode criar novos produtos alimentares com propriedades funcionais e perfis nutricionais melhorados. O processamento por extrusão texturiza os WPCs, WLAC e WPI, mas a maior quantidade de texturização ocorreu com o WPI. A WPI texturizada ou desnaturada manteve o seu valor proteico nativo, funcionalidade e digestibilidade quando extrudida abaixo de 50^0 C; as alterações na funcionalidade ocorrem a 65^0 C e acima. Através de uma seleção cuidadosa das condições de extrusão de temperatura e humidade, podem ser produzidos TWPs com uma funcionalidade única. O grau de texturização aumenta com o aumento da temperatura, mas podem ser necessárias temperaturas superiores a 100^0 C para formar estruturas fibrosas com WPI. É demonstrado aqui que a extrusão é uma ferramenta eficaz para texturizar as proteínas do soro de leite para criar novas funções para as proteínas lácteas e que o WPI termicamente desnaturado é um ingrediente único que pode ser usado em grandes quantidades em aplicações não tradicionais para não-TWPI. Esta revisão abrange a utilização de ingredientes lácteos texturizados por extrusão em alimentos; no entanto, existem outros exemplos da utilização bem sucedida desta técnica, juntamente com o produto, TWPI em diferentes tipos de aplicações não alimentares, tais como em películas biodegradáveis e bioplásticos.

Referências

Aguilera, J. M., & Kosikowski, F. V. (1976). Produto extrudado de soja: Uma análise de superfície de resposta. *Journal of Food Science*, 41(3), 647-651.

Akdogan, H. (1999). Extrusão de alimentos com elevada humidade. *Jornal Internacional de Ciência e Tecnologia Alimentar*, 34(3), 195-207.

Anon. 1972. Caderno de notas sobre a soja: "Textured Vegetable Protein" (Proteína Vegetal Texturizada). *School Food Service J.* 26:51.

Bha color,ttarcharya, M., & Padmanabhan, M. (1999). Processamento por extrusão: textura e reologia. *Wiley Encyclopedia of food science and technology. 2ª ed. Nova Iorque: John Wiley & Sons.*

Bjorck, I., & Asp, N. G. (1983). Os efeitos da cozedura por extrusão no valor nutricional - uma revisão da literatura. *Journal of Food Engineering*, 2(4), 281-308.

Bradford, M. M. (1976). Um método rápido e sensível para a quantificação de quantidades de microgramas de proteína utilizando o princípio da ligação proteína-corante. *Anal. Biochem*, 72 (12), 248254.

Camire, M. E. (1991). Modificação da funcionalidade das proteínas por cozedura por extrusão. *Journal of the American Oil Chemists' Society*, 68(3), 200-205.

Camire, M. E. (2002). Cozedura por extrusão. Em C. J. K. Henry e C. Chapman (Eds) *The Extrusion Handbook for food processors*, (pp. 314-330). Florida CRC Press, Boca Raton, FL.

Camire, M. E., Camire, A., & Krumhar, K. (1990). Alterações químicas e nutricionais nos alimentos durante a extrusão. *Critical Reviews in Food Science & Nutrition*, 29(1), 35-57.

Cavalier-Salou, C., & Cheftel, J. C. (1991). Influência dos sais emulsionantes nas características dos análogos de queijo de caseinato de cálcio. *Journal of food science*, 56(6), 1542-1547.

Cheftel, J. C., Kitagawa, M., & Queguiner, C. (1992). Novos processos de texturização de proteínas por cozedura por extrusão a níveis elevados de humidade. *Food Reviews International*, 8(2), 235-275.

Cherry JP, Berardi LC (1981) Southern Regional Research Center (USDA), Nova Orleães, 182ª reunião nacional da ACS, Nova Iorque, agosto de 1981. *Divisão de Química Agrícola e Alimentar*, documento 58

Cho, M. H., Zheng, X., Wang, S. S., Kim, Y., Ho, C.-T., et al. (1997). Produção de *aromas* naturais utilizando um processo de extrusão a frio. Em "*Flavour* Technology: *Physical Chemistry, Modification, and Process*", (Vol. 610, pp. 120-126). Sociedade Americana de Química, Washington, DC

Damodaran, S. (1988). Interrelação das propriedades moleculares e funcionais das proteínas alimentares. Kinsella JE, Soucie WG, editores. Food proteins. Champaign, Illinois: *The American Oil Chemists society*, (p 21-52).

Fairweather-Tait, S. J., Portwood, D. E., Symss, L. L., Eagles, J., & Minski, M. J. (1989). Iron and zinc absorption in human subjects from a mixed meal of extruded and non-xtruded wheat bran and flour. The American Journal of Clinical Nutrition, 49(1), 151-155.

Faryabi, B., Mohr, S., Onwulata, C., e Mulvaney, S. (2008). Alimentos funcionais contendo proteínas de soro de leite. Em C. I. Onwulata e P. J. Huth, (Eds), *Whey Processing: Functionality and Health Benefits* (pp. 213-225). Ames, IA: Wiley-Blackwell, John Wiley & Sons.

Friedman, M., Gumbmann, M. R., & Ziderman, I. I. (1987). Valor nutricional e segurança em ratos de proteínas e suas misturas com hidratos de carbono e vitamina C após aquecimento. *The Journal of Nutrition*, 117(3), 508-518.

Fukushima, D. A. N. J. I. (1981). Alterações deteriorativas das proteínas durante o processamento de alimentos de soja e sua utilização em alimentos. *Relatório - Noda Sangyo Kagaku kenkyujo.*

Giddey C, Ruler W. *Patente dos EUA n.º 3,973.044.* Battelle, Centros de Investigação de Genebra.

Giddey, C. (1983). Fenómenos envolvidos na "texturização" de proteínas vegetais e vários processos tecnológicos utilizados. *Plant Foods for Human Nutrition*, 32(3-4), 425-437.

Hale, A. B., Carpenter, C. E., & Walsh, M. K. (2002). Avaliação instrumental e do consumidor de hambúrgueres de carne de vaca estendidos com proteínas de soro de leite texturizadas por extrusão. *Journal of Food Science*, 67(3), 1267-1270.

Harper, J. M. (1986). Texturização de alimentos por extrusão. *Food Technology*, *40*(3), 70.

Hazell, T., & Johnson, I. T. (1989). Influence of food processing on iron availability in vitro from extruded maize-based snack foods. *Journal of the Science of Food and Agriculture*, 46(3), 365-374.

Holay, S. H., & Harper, J. M. (1982). Influência do ambiente de cisalhamento da extrusão na texturização da proteína vegetal. *Journal of Food Science*, 47(6), 1869-1874.

Hsieh, F.-H. (1992). Extrusão e cozedura por extrusão. In ,Y. H. Hui e J. F. Frederick, (Eds), "Wiley Encyclopedia of Food Science and Technology" (pp. 794-800). Nova Iorque: John Wiley & Sons, NY.

Huang, F. F., & Rha, C. (1974). Estruturas proteicas e fibras proteicas - uma revisão. *Polymer Engineering & Science*, 14(2), 8191.

J.R. WhiTaker, M. Fujimak1 (eds.), ACS Sym. Ser 123. Am. Chern. Soc., Washington, D.C., 211-240.

Joseph, R. L., Walker, S. A., Ikeda, C. H., Craig, L. D., & Cashmere, K. A. (1995). *Patente dos EUA nº 5.389.395*. Washington, DC: U.S. Patent and Trademark Office.

Jost, R. (1993). Características funcionais das proteínas lácteas. *Trends in Food Science & Technology*, 4(9), 283-288.

Kelley, J. J., & Pressey, R. (1966). Studies with soybean protein and fiber formation. *Cereal Chem.*, 43(2), 195-206.

Kester, J. J., & Richardson, T. (1984). Modificação das proteínas do soro de leite para melhorar a funcionalidade. *Journal of Dairy Science*, 67(11), 2757-2774.

Kilara, A. (1984). Normalização da metodologia de avaliação das proteínas do soro de leite. *Journal of Dairy Science.* 67(11), 2734-2744.

Killeit, U. (1994). Retenção de vitaminas na cozedura por extrusão. *Food Chemistry*, 49(2), 149-155.

Kim, C. H., & Maga, J. A. (1987). Propriedades de concentrado proteico de soro de leite extrudido e misturas de farinha de cereais. *LWT-Ciência e Tecnologia Alimentar.*

Kinsella, J. E., & Franzen, K. L. (1978). Texturized proteins: fabrication, *flavour* ing, and nutrition (Proteínas texturizadas: fabrico, *sabor* e nutrição). *Critical Reviews in Food Science & Nutrition*, 10(2), 147-207.

Korhonen, H., Pihlanto-Leppala, A., Rantamaki, P., & Tupasela, T. (1998). Impacto do processamento nas proteínas e péptidos bioactivos. *Trends in Food Science & Technology, 9(8-9)*, 307-319.

Kunugi, S., & Tanaka, N. (2002). Desnaturação a frio de proteínas sob alta pressão. *Biochimica ata Biophysic Ata (BBA)-Protein Structure and Molecular Enzymology, 1595*(1-2), 329-344.

Lusas, E. W. (1996). Proteínas de soja texturizadas modernas: preparação e utilização. *Tecnologia Alimentar*, 50(9), 132-5.

Manoi, K., & Rizvi, S. S. (2008). Caracterizações reológicas de pós texturizados à base de concentrado de proteína de soro de leite produzidos por extrusão de fluido supercrítico reativo. *Food Research International*, 41(8), 786-796.

Manoi, K., & Rizvi, S. S. (2009). Mecanismos de emulsificação e caraterização de emulsões gelatinosas a frio produzidas a partir de concentrado proteico de soro de leite texturizado. *Food Hydrocolloids*, 23(7), 1837-1847.

Manoi, K., & Rizvi, S. S. (2009). Mecanismos de emulsificação e caraterização de emulsões gelatinosas a frio produzidas a partir de concentrado proteico de soro de leite texturizado. *Food Hydrocolloids*, 23(7), 1837-1847.

March RA (1981) RHM Research Ltd. The Lord Rank Research Centre, Lincoln Road, High Wycombe, Bucks, Inglaterra. 182nd ACS National meeting, Nova Iorque, agosto de 1981. Division of Agricultural Food Chemistry paper no 54

Matthey, F. P., & Hanna, M. A. (1997). Propriedades físicas e funcionais de misturas de concentrado proteico de soro de leite e amido de milho extrudidas por duplo parafuso. *LWT-Food Science and Technology*, 30(4), 359-366.

Matthey, F. P., & Hanna, M. A. (1997). Propriedades físicas e funcionais de misturas de concentrado proteico de soro de leite e amido de milho extrudidas por duplo parafuso. *LWT-Food Science and Technology*, 30(4), 359-366.

Menzi R, Ruler W. Patente CH n.o 616.057. Battelle, Centros de Investigação de Genebra

Meyer, M., Muhlbach, R., & Harzer, D. (2005). Solubilização de colagénio de pele de bovino por tratamento termomecânico. *Polymer Degradation and Stability*, 87(1), 137-142.

Mohammed, Z. H., Hill, S. E., & Mitchell, J. R. (2000). Reticulação covalente em sistemas proteicos aquecidos. *Journal of Food Science*, 65(2), 221-226.

Onwulata, C. I. (2009). Utilização de isolados proteicos de soro de leite texturizados por extrusão em farinha de milho tufada. *Revista Food Processing & Preservation*, 34(2010), 571-586

Onwulata, C. I. e Tomasula, P. M. (2004). Texturização do soro de leite: A way forward. *Food Technology,* 58(7), 50-54.

Onwulata, C. I., Isobe, S., Tomasula, P. M., & Cooke, P. H. (2006). Properties of Whey Protein Isolates Extruded under Acidic and Alkaline Conditions (Propriedades dos Isolados de Proteína do Soro de Leite Extrudidos em Condições Ácidas e Alcalinas). *Journal of Dairy Science,* 89(1), 71-81.

Onwulata, C. I., Konstance, R. P., Phillips, J. G., & Tomasula, P. M. (2003). Perfil de temperatura: solução para os problemas de coextrusão com proteínas de soro de leite. *Journal of Food Processing and Preservation,* 27(5), 337-350.

Onwulata, C. I., Konstance, R. P., Smith, P. W., & Holsinger, V. H. (2001). Co-extrusão de fibra alimentar e proteínas do leite em produtos de milho expandido. *LWT-Food Science and Technology,* 34(7), 424-429.

Onwulata, C. I., Konstance, R. P., Smith, P. W., & Holsinger, V. H. (1998). Propriedades físicas de produtos extrudidos afectadas pelo soro de queijo. *Journal of Food Science,* 63(5), 814-818.

Onwulata, C. I., Phillips, J. G., Tunick, M. H., Qi, P. X., & Cooke, P. H. (2010). Proteínas lácteas texturizadas. *Journal of Food Science,* 75(2), 100-109.

Onwulata, C. I., Smith, P. W., Konstance, R. P., & Holsinger, V. H. (2001). Incorporação de produtos de soro de leite em snacks extrudidos de milho, batata ou arroz. *Food Research International*, 34(8), 679-687.

Phillips, L. G., Schulman, W., & Kinsella, J. E. (1990). Efeitos do pH e do tratamento térmico na formação de espuma do isolado proteico de soro de leite. *Journal of Food Science*, 55(4), 1116-1119.

Plunkett, A., & Ainsworth, P. (2007). A influência da temperatura do barril e da velocidade do parafuso na retenção do ácido L-ascórbico num produto de snack extrudido à base de arroz. *Journal of Food Engineering*, 78(4), 1127-1133.

Poltronieri, F., Areas, J. A. G., & Colli, C. (2000). Extrusão e biodisponibilidade de ferro no grão-de-bico (Cicer arietinum L.). *Food Chemistry*, 70(2), 175-180.

Pordesimo, L. O., & Onwulata, C. I. (2008). Texturização do soro de leite para snacks. Em *Whey processing, functionality and health benefits (Processamento do soro de leite, funcionalidade e benefícios para a saúde)* (pp. 213-226). Wiley-Blackwell Publishing e IFT Press, Ames, IA.

Pordesimo, L. O., & Onwulata, C. I. (2008). Texturização do soro de leite para snacks. *Em Whey processing, functionality and health benefits (Processamento do soro de leite, funcionalidade e benefícios para a saúde)* (pp. 213-226). Wiley-Blackwell Publishing e IFT Press, Ames, IA.

Qi, P. X., & Onwulata, C. I. (2011). Propriedades físicas, estruturas moleculares e qualidade proteica do isolado proteico de soro de leite texturizado: Efeito do teor de humidade da extrusão. *Journal of Dairy Science*, 94(5), 2231-2244.

Queguiner, C., Dumay, E., Cavalier, C., & Cheftel, J. C. (1989). Redução de Streptococcus thermophilus num isolado proteico de soro de leite por cozedura por extrusão com baixa humidade sem perda de propriedades funcionais. *International Journal of Food Science & Technology*, 24(6), 601-612.

Rhee, K. C. (2003). Estado de desenvolvimento e utilizações de proteínas alimentares vegetais de outras sementes oleaginosas. Em *Practical Short Course on Texturized Vegetable Protein and Other Soy Products*. Eds. Riaz, M. N e Barron, M. Sep. 14-19. Universidade Texas A&M, Texas

Riaz, M. N. (2004). Proteína de soja texturizada como ingrediente. In: Yada RY, (edi.). *Proteins in food processing* (pp. 517-57). Inglaterra: Woodhead Publishing Limited.

Riaz, M. N., Hind, M. J., & Barron, M. (2005). *Análogo de proteína de amendoim texturizada para aplicação alimentar.* (Relatório do segundo ano). Em Relatório Anual de Progresso para a Comissão de Alimentos e Fibras do Texas. Centro de Investigação e Desenvolvimento de Proteínas Alimentares (pp.57-66), Texas: Sistema da Universidade A&M, College Station.

Riha III, W. E., & Ho, C. T. (1996). Formação de *sabores* durante a cozedura por extrusão. *Food Reviews International,* 12(3), 351373.

Rizvi, S. S. H., Mulvaney, S. J., & Sokhey, A. S. (1995). A aplicação combinada de fluido supercrítico e tecnologia de extrusão. *Tendências em Ciência e Tecnologia Alimentar,* 6(7), 232240.

Sadler, M. J. (2004). Meat alternatives-market developments and health benefits. *Trends in Food Science & Technology,* 15(5), 250-260.

Shen, J. L., & Morr, C. V. (1979). Aspectos físico-químicos da texturização: Formação de fibras a partir de proteínas globulares. *Journal of the American Oil Chemists' Society,* 56(1), 63-70.

Singh, P., Kumar, R., Sabapathy, S. N., & Bawa, A. S. (2008). Utilizações funcionais e comestíveis de produtos de proteína de soja. *Comprehensive Reviews in Food Science andfood Safety,* 7(1), 14-28.

Singh, R. K., Nielsen, S. S., Chambers, J. V., Martinez-Serna, M., & Villota, R. (1991). Características seleccionadas da mistura extrudida de refinado de proteína do leite ou leite em pó sem gordura com farinha de milho. *Journal of Food processing and Preservation*, 15(4), 285-302.

Singh, S., Gamlath, S., & Wakeling, L. (2007). Aspectos nutricionais da extrusão de alimentos: uma revisão. *Jornal Internacional de Ciência e Tecnologia Alimentar*, 42(8), 916-929.

Smietana, Z., Fornal, L., Szpendowski, J., & Soral-Smietana, M. (1988). Utilização de proteínas do leite e amidos de cereais para obter co-extrudados. *Food/Nahrung*, 32(6), 545-551.

Szczesniak, A. S. (1971). Consumer awareness of texture and of other food attributes, II. *Journal of Texture Studies*, 2(2), 196-206.

Szczesniak, A.S. & Kleyn, D.H. (1963). Consumer awareness of texture at and other food attributes. *Food Technol.* 27(2), 7477.

Taylor, B. J., & Walsh, M. K. (2002). Desenvolvimento e análise sensorial de um hambúrguer sem carne com proteína de soro de leite texturizada. *Journal of Food Science*, 67(4), 1555-1558.

Taylor, S. L., Lambrecht, D. M., & Hefle, S. L. (2005). Tagatose e alergia ao leite. *Allergy*, 60(3), 412-413.

Tossavainen, O., Hakulin, S., Kervinen, R., Myllymaki, O., & Linko, P. (1986). Neutralização da caseína ácida numa extrusora de cozedura de duplo parafuso. *LWT Food Science Technology*.

Tunick, M. H., & Onwulata, C. I. (2006). Propriedades reológicas de leite em pó extrudido. *International Journal of Food Properties*, 9(4), 835-844.

Van de Voort, F. R., Stanley, D. W., & Edamura, R. (1984). Melhor utilização das proteínas lácteas: Coextrusão de caseína e farinha de trigo. *Journal of Dairy Science*, 67(4), 749-758.

Vojdani F. (1996). Solubilidade. Em: Hall, G.M., (eds). *Methods of testing protein functionality* (pp. 11-60). Londres: Blackie academic professional. Chapman e Hall.

Walkenstrom, P., Windhab, E., & Hermansson, A. M. (1998). Estruturação induzida por cisalhamento de géis particulados de proteína de soro de leite. *Food Hydrocolloids*, 12(4), 459-468.

Walsh, M. K., & Wood, A. M. (2010). Propriedades de produtos de proteína de soro de leite expandidos por extrusão contendo fibra. *International Journal of Food Properties*, 13(4), 702-712.

FSC
www.fsc.org
MIX
Papier aus verantwortungsvollen Quellen
Paper from responsible sources
FSC® C105338